小牛顿魔法科普馆

华语世界科普畅销名著

坦克车·直升机

牛顿出版公司◎编写

海天出版社
HAITIAN PUBLISHING HOUSE
·深圳·

目 录

现代的铁甲武士——坦克车

1914 年，第一次世界大战爆发，欧洲战场上，交战的双方都各自挖掘壕沟，并在壕沟前放置许多地雷、铁丝网等障碍物来阻止对方前进。双方只能在壕沟内用机枪、大炮互相射击，想不出其他办法可以突破对方的防线，因此使得整个战局陷入了胶着状态。

坦克车诞生了

1916 年，英国人有了新构想，他们利用钢铁制造出一种"怪物"。它的外壳刀枪不入，加上配有火力强大的枪炮，带给敌人很大的威胁。最重要的是它的钢铁履带可以破坏地雷与铁丝网。这个"怪物"就是坦克车，又有人称它为战车。

在坦克车的开路下，英军很快就突破了对方的防线，使得战局大大扭转。

从此以后，坦克车开始在人类的历史中崭露头角。

所向披靡的德国装甲兵团

　　虽然坦克车在第一次世界大战中发挥了清除障碍物的功能，但是绝大部分人都对它没有兴趣，也不认为它能发挥多大的威力。直到第二次世界大战初期，德国人将原来的坦克车改良，并且配合步兵和炮兵等组成装甲兵团，以迅雷不及掩耳之势席卷欧洲，才使得世人对坦克车有了新的认识。

进步神速的坦克车工业

战争结束后，为了保卫国家，各国都开始积极地发展坦克车工业。

改良车身

除了增强攻击力外，车身的外壳也经过不断改良。例如，英国人在两块钢板间填入陶瓷和尼龙网等，做成了复合装甲。这种新产物能抵御一般的反坦克武器，大大地增强车内人员的安全系数。不过，这么一来，坦克车变得越来越重。由于坦克车要能够快速行动才能适应现代战场的需要，因此发动机得到极大改良，变得强而有力。

提高内部功能

有了计算机与激光的帮助，坦克车命中目标的概率大为提高。一旦碰上核武器、病菌或毒气的威胁，车内的空气过滤系统就能立即启动。经过不断改良，坦克车已经成为各国国防中不可缺少的一环。

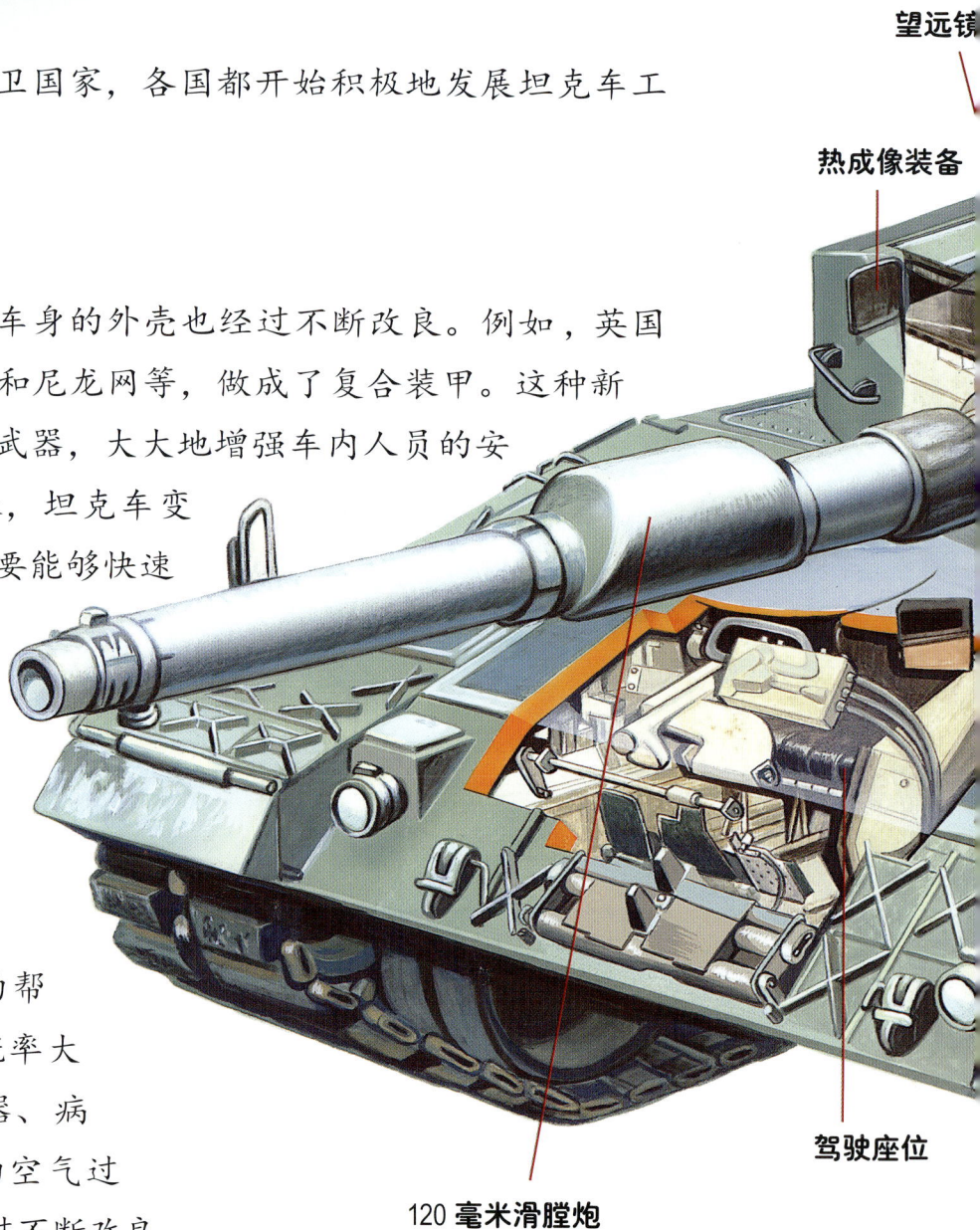

望远镜

热成像装备

驾驶座位

120毫米滑膛炮

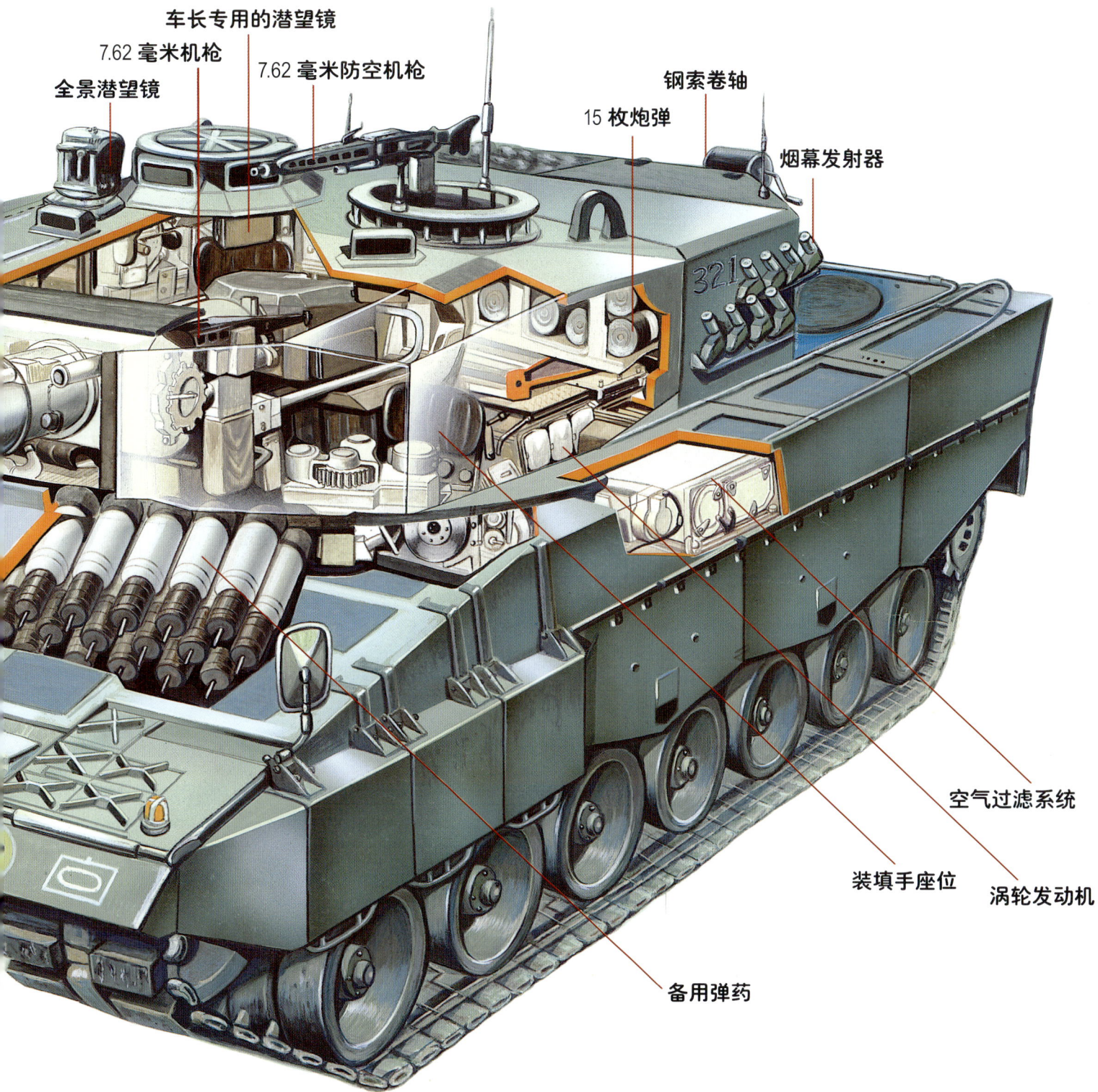

全景潜望镜

7.62 毫米机枪

车长专用的潜望镜

7.62 毫米防空机枪

钢索卷轴

15 枚炮弹

烟幕发射器

321

空气过滤系统

装填手座位

涡轮发动机

备用弹药

形形色色的坦克车

从第一辆坦克车诞生到现在已经超过 100 年了。这期间，为满足各种不同环境的需要，坦克车被不断改良，因此每个国家的坦克车都各具特色。

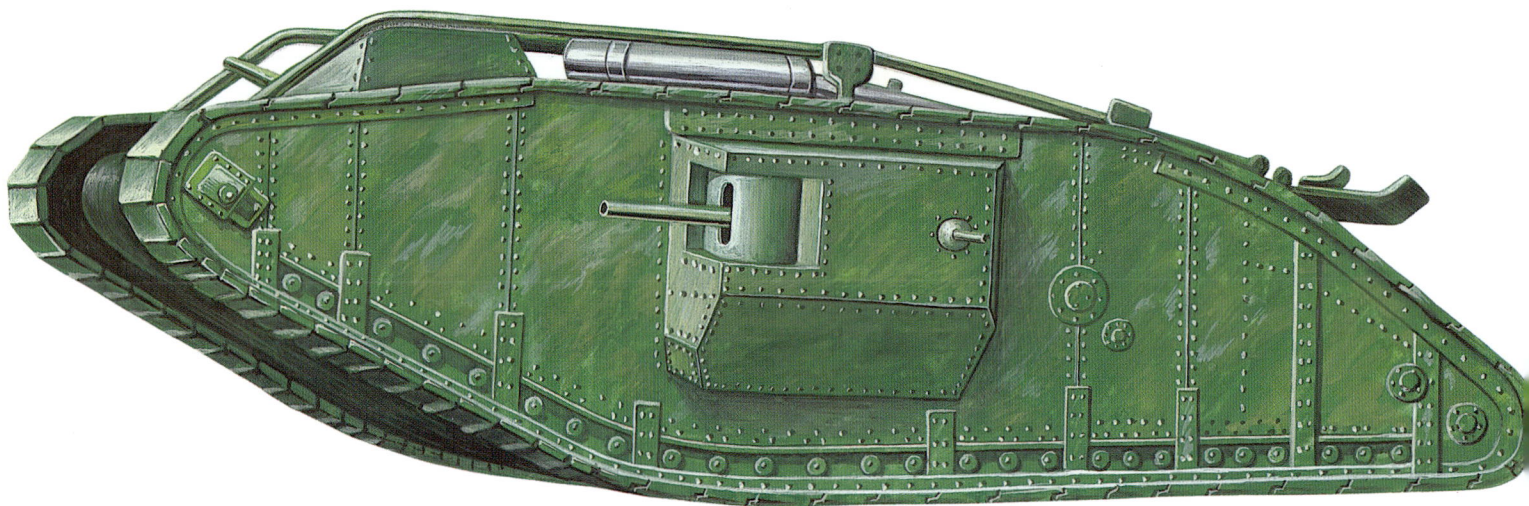

马克 -4 型坦克车

最早期的英国坦克车，活跃于第一次世界大战期间，时速只有 6 千米，车内可载 8 名人员。

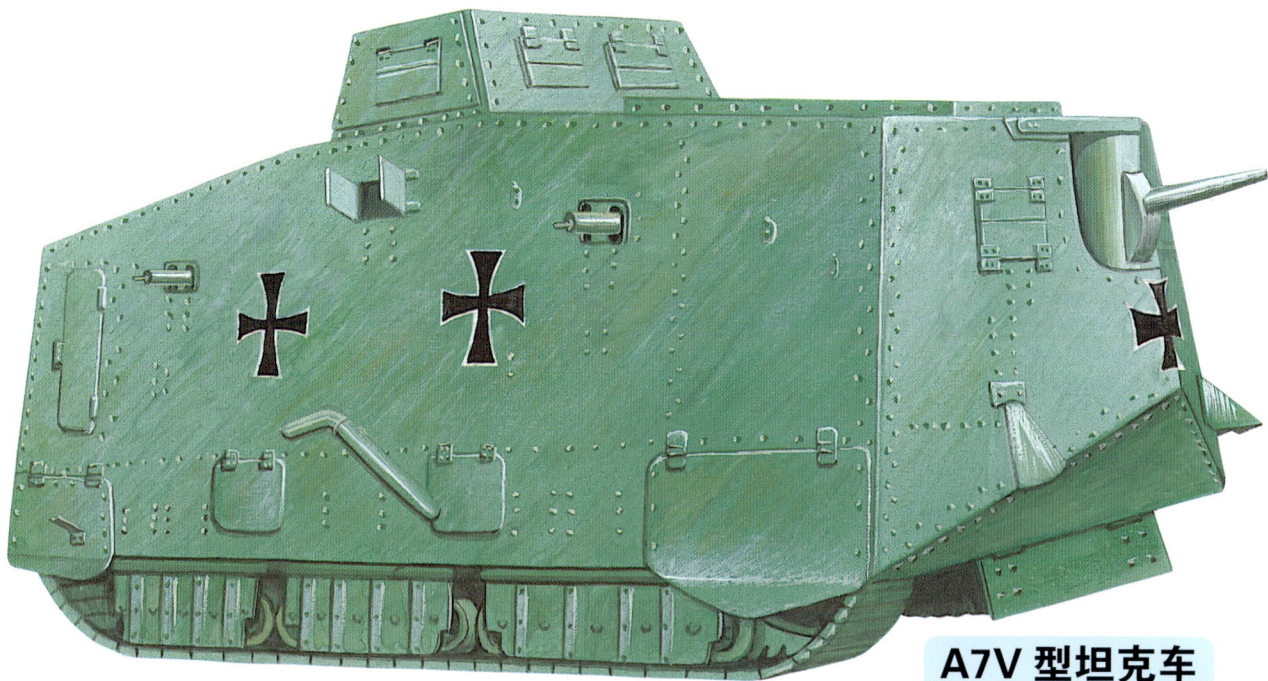

A7V 型坦克车

受到英国坦克车的刺激，德国也开始制造坦克车。这辆最早的德国坦克车可载 18 人，时速约 13 千米。

一号坦克车

第二次世界大战前的德国轻型坦克车，重量只有 5.6 吨，可载 2 名人员：车长（兼枪手）与驾驶员。

H-35 坦克车

法国的轻型坦克车，可载 2 名人员，大约与德国的一号坦克车同时期推出。

虎式坦克车

德国于 1942 年投入使用的重型坦克车，是第二次世界大战期间最具威力的坦克车之一。缺点是无法大量生产，而且重达 56 吨，运输困难。

谢尔曼式坦克车

这辆坦克车从设计到生产只花了 39 个月的时间，在第二次世界大战和朝鲜战争中都有它的身影。此外，它还被美国政府列为军事援助项目，运送到许多国家去。

梅卡瓦式坦克车

以色列常在沙漠地区作战，所以坦克车的空气过滤系统与武器系统都有很好的防尘设备，并且格外注重车内人员的安全。

OF-40 坦克车

意大利厂商为外销而生产的坦克车，拥有强大的推进力与猛烈的炮火攻击力。

豹 2 坦克车

从 1979 年开始服役的德国坦克车，至今已开发出多种型号，是全球最优秀的坦克车之一，在发展初期就非常注重攻击、防御能力与行驶速度，性能非常均衡。

T–72 坦克车

产于俄罗斯，在 1971 年开始生产，中东国家曾经大量采购，在两伊战争中发挥过威力。

挑战者坦克车

现代的英国坦克车，由于英国人较注重防卫能力，所以速度不快，时速约 56 千米。

AMX – 40 坦克车

法国厂商为外国买主特别生产制造的坦克车，外销到沙特阿拉伯等国家。

M1 坦克车

在 1980 年开始生产，采用涡轮发动机，时速达 72 千米，是美国陆军的主力坦克车。

世界新型坦克车

99 式主战坦克车

由中国自主研发与生产，1999 年开始服役，火力配备与防御能力皆达到世界级的水平，被称为"中国的陆战猛虎"。

T－90 主战坦克车

俄罗斯目前最新型的主力坦克车，不但能发射烟幕弹，还具有防雷达探测的功能与优异的夜视能力。

豹-2A6 式坦克车

原产国为德国，又被称为"欧洲豹"。改良自豹 2 坦克车，增加了防地雷装置与装甲防护，大大提升了防御能力，在 2007 年的阿富汗战争中立下战功，是世界十大坦克车之一。

驾驶坦克车学问多

　　在战场上冲锋陷阵的坦克车真是威风八面，不仅行动快速、火力强大，而且有很好的防御能力，似乎上山下海都难不倒它。其实，驾驶坦克车可没有想象中容易，一不小心就可能陷入泥泞的沼泽中，动弹不得；要是没有架桥车的支援，渡河时更必须小心地判断水流的速度，谨慎地选择下水与上岸的地点。

　　除此之外，爬陡坡时如果操作不当，也很可能有翻车的危险。所以说，驾驶坦克车并不是横冲直撞、通行无阻，因为它还是会受到地形的限制，因此必须经由恰当的操作才能发挥威力。

坦克车的克星

　　有了威力强大的坦克车，就可以高枕无忧了吗？当然不是。坦克车虽然极具威力，但也不是所向无敌。空中的武装直升机与地面部队所使用的反坦克导弹都会对它造成很大的威胁。何况交战双方都有坦克车，这时候敌对的坦克车也是个难缠的家伙。在战场上，没有一种武器是万能的，需要陆、海、空各个军种同心协力、密切配合，才可能赢得胜利。

来去自如的空中英豪——直升机

有一部美国电视剧《飞狼》，其中的主角——飞狼，是一架性能强大的直升机，不但来去自如，又有机炮及导弹等武器装备，可以将不法之徒打得落花流水，真可以说是所向无敌，令人忍不住想坐上驾驶台亲手操纵一番。

其实，除了飞狼之外，直升机还有很多种类，分别有不同的特性及用途，让我们一起来瞧瞧！

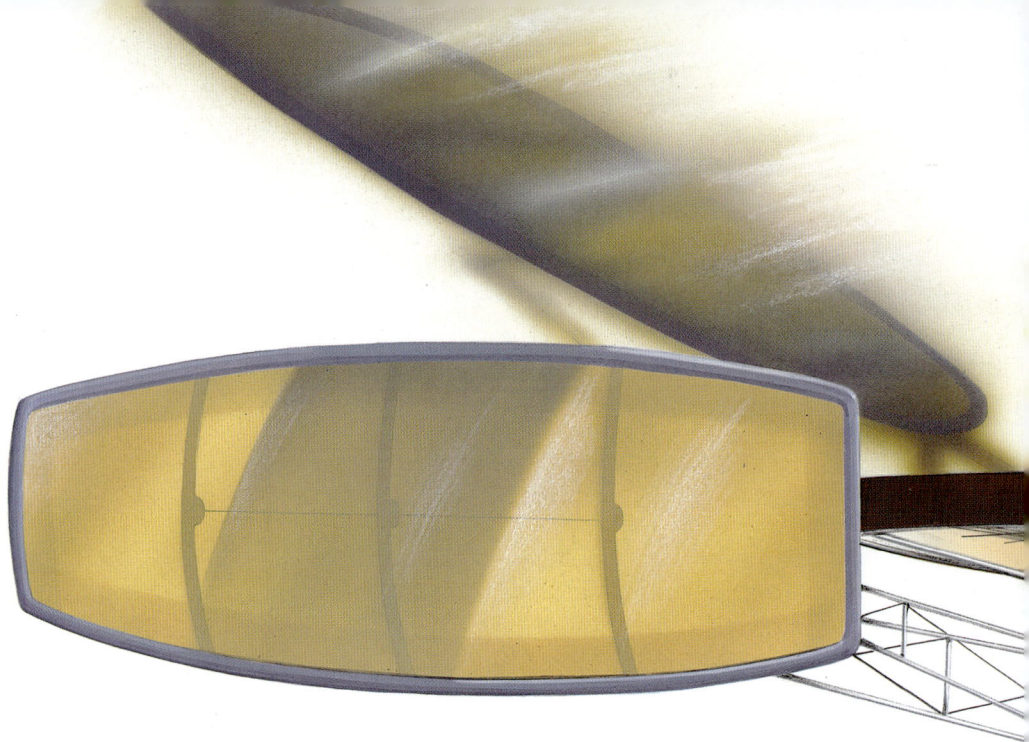

直升机飞起来了！

　　许多科学家都在努力从事有关直升机的研究与设计，但是却遭遇许多困难和失败，真是令人头痛。1907 年，法国人柯尔尼兴奋地坐上自己制造的直升机，进行试飞。

　　"哇！飞起来了，太棒了！"谁知道，这架直升机才离开地面 30 厘米就支撑不下去了，总共只飞了 20 秒。这是第一架可以载人飞离地面的直升机，它使直升机的发展往前迈进了一大步。

达·芬奇的设计图

15世纪时，意大利科学家达·芬奇曾经画了一张设计图，取名为"垂直升力机"，希望它能借着旋转所产生的力升到空中。这就是"直升机"名称的由来。但是达·芬奇的这张设计图始终停留在纸面上，没有制造出实用模型。

直升机具有实用价值了

"为什么那么多人研究、设计直升机都失败了呢？我一定要设计出具有实用价值的直升机！"美国人西科斯基对于航空科学非常狂热，他埋头苦心钻研，不断试验。

哇，终于**成功**了！

标志性的 VS-300 直升机

西科斯基所制造的 VS-300 直升机具有主旋翼和尾旋翼，由主旋翼来控制飞行及高度，由尾旋翼来控制飞行方向。直升机从此进入了实用阶段。

小小旋翼功用大

　　"起飞了！"只见直升机似乎不费吹灰之力就垂直升空了。其实，直升机能垂直上升的主要功臣是旋翼。

各种力的较量

　　直升机上方通常有一个大大的主旋翼。主旋翼在转动时会产生升力以及一股反作用力。这股反作用力会使直升机像陀螺一般在原地打转，因此必须靠尾旋翼或是另一个以相反方向旋转的主旋翼产生的力来抵消这股反作用力。一旦这股反作用力被抵消，而升力又比直升机的重力还大时，直升机就可以飞起来了。

起飞了！

特技表演真精彩

　　直升机和一般飞机最大的差异就在于它能够垂直起飞和降落。除此之外，直升机还能够朝各种角度侧飞、停在空中、回转、往后倒飞等等，花样可真不少呢！

　　最精彩的特技表演则是翻滚、翻跟头、机腹朝上地倒飞等，令人看了拍手叫绝，直呼过瘾。

直升机的构造

直升机的构造到底是什么样子呢？让我们以贝尔 222UT 直升机，也就是电视剧《飞狼》的主角为代表，来看看直升机的"器官"。

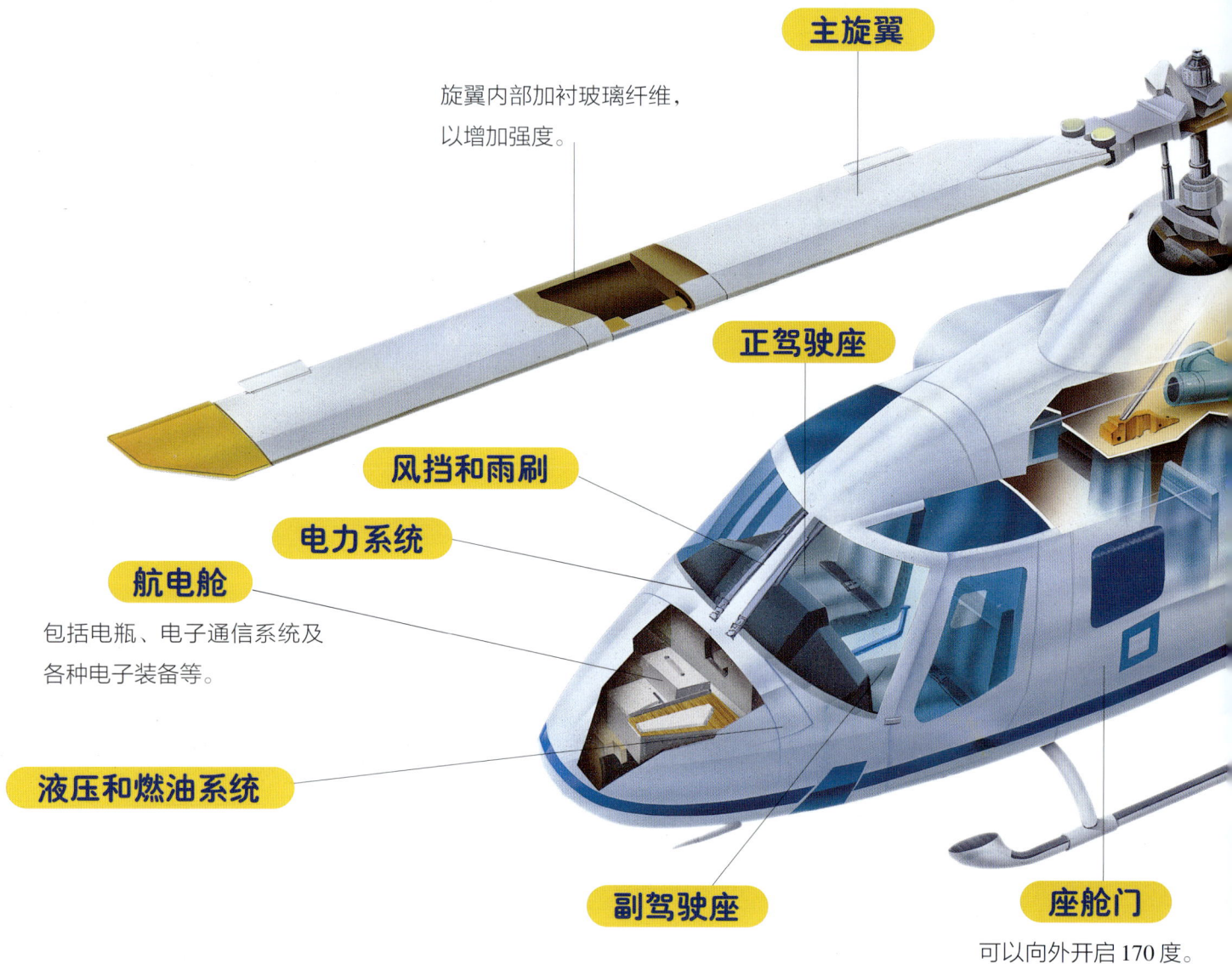

主旋翼

旋翼内部加衬玻璃纤维，以增加强度。

正驾驶座

风挡和雨刷

电力系统

航电舱

包括电瓶、电子通信系统及各种电子装备等。

液压和燃油系统

副驾驶座

座舱门

可以向外开启 170 度。

进气口异物分离器

空气进入与排出的管道。

涡轮发动机

尾旋翼

如果尾旋翼发生故障，
直升机就会一直打转。

尾旋翼护架

行李舱

可载重 227 千克。

油箱

容量 931 升。

座舱

可容纳 9 个人，座椅可折叠。

滑橇式起落架

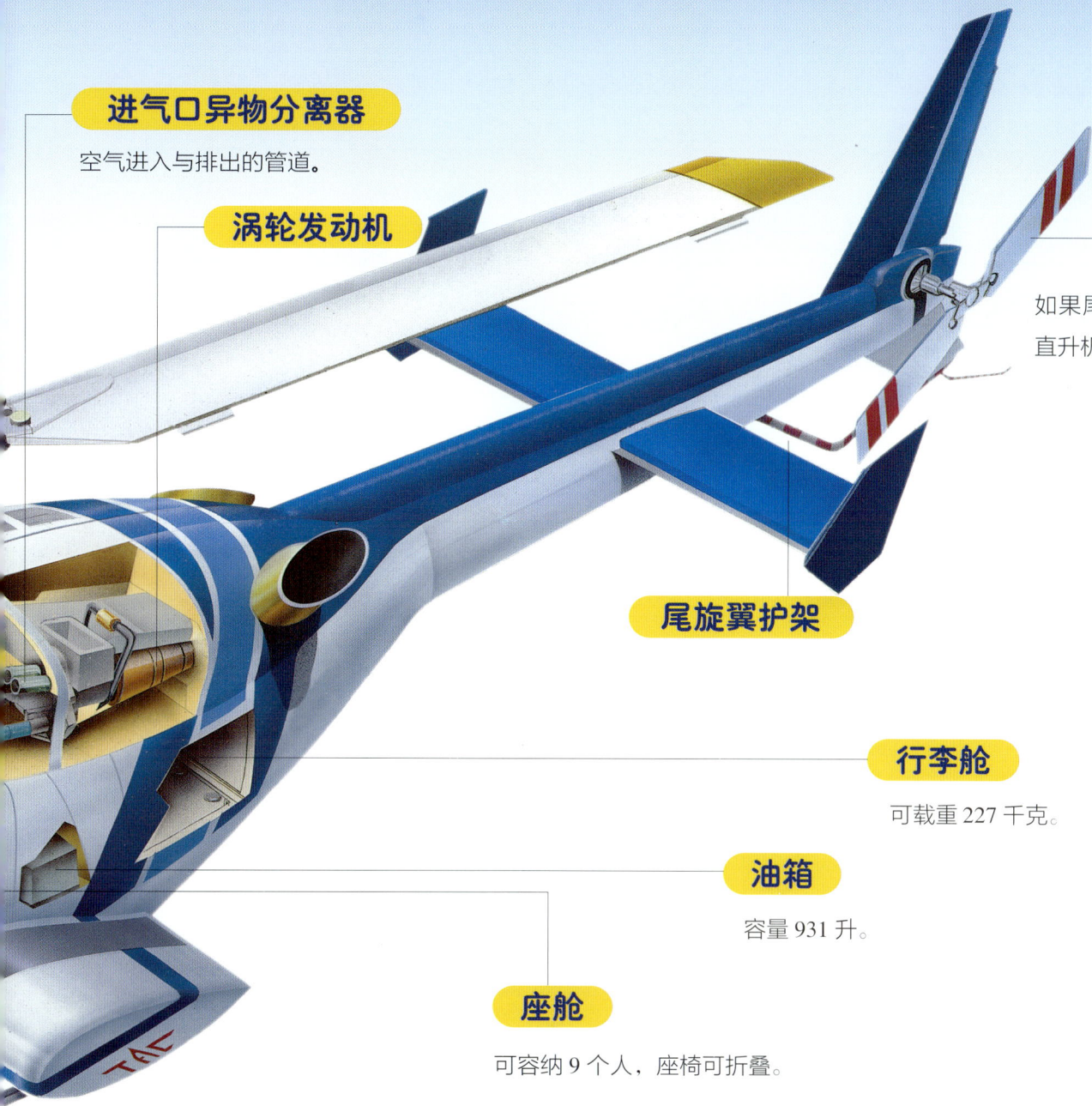

各式各样的直升机

    每一家直升机制造厂所生产的直升机都有不同的特点，不同用途的直升机又有不同的构造及装备。因此，直升机的种类真可以说是五花八门。现在就让你开开眼界！

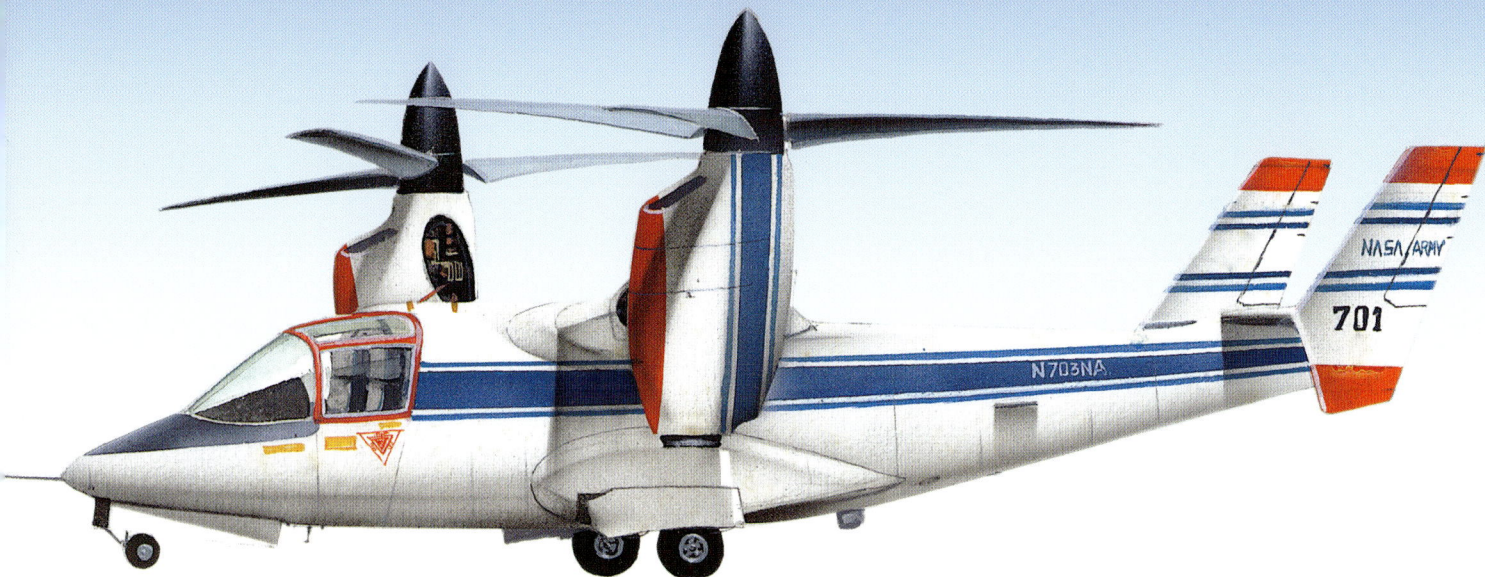

贝尔 XV – 15

用途：倾斜式旋翼实验机。

特色：1973 年的实验机，由贝尔公司根据美国国家航空航天局（NASA）和陆军的要求而设计的，用于测试各种飞行实验。两个旋翼可以做 90 度转动。可以垂直起降，也可以水平起飞，具有直升机可以垂直起降和飞机速度快的双重优点。

米 – 12

用途：重型运输直升机。

特色：这是由俄罗斯米里直升机实验设计局（现称米里莫斯科直升机制造厂）于 1965 年设计的，绰号"信鸽"。采用横列式旋翼，结构对称，稳定性与可靠性高，载重可超过 30 吨，但并未大量生产。

米-6

用途：重型攻击运输机。

特色：与米-12同为俄罗斯米里直升机实验设计局设计的运输机，于1957年首次飞行，绰号"吊钩"。有5片旋翼片——旋翼片的数目越多，越需要精密的科学技术来制造。米-6有特殊设备，可装卸重型军事设备，并可用重心处的吊钩在外部吊挂大型货物。

西科斯基 CH-54A

用途：军事运吊。

特色：由美国西科斯基公司制造的起重直升机，绰号"空中吊车"。被美军陆军用作起重医事直升机。机身下部有很大的空间，可以运载货柜，所载物品最重可达 9080 千克。可用来运输装甲车或损坏的飞机，还可用来运送担架，或作为野外外科医院等，用途十分广泛。

西科斯基 S-51

用途：轻型运输机。

特色：单旋翼直升机，与 CH-54A 同为美国西科斯基公司所制造。在 1950 年前后被广泛使用，进而推进了单旋翼直升机的研究发展。机型小巧，能够载运 1 位驾驶员及 3 位乘客，或是重达 431 千克的物品。

波音 234

用途：商业运输。

特色：由美国波音公司设计，为纵列式双旋翼直升机，其两组旋翼能够以彼此相反的方向旋转，抵消反作用力，用以执行客运、货运及其他专门任务，如海陆救援或是管道建设和修理等。

卡莫夫 Ka–26

用途：一般用途。

特色：此机种为根据俄罗斯民航局提出的农业直升机
要求而制造。没有尾旋翼，上下两组旋翼会以彼此相
反的方向旋转。能适合多种用途，容易改装。其农业
用途为喷洒农药或肥料。

AS-350 "松鼠"

用途：轻型运输机。

特色：由原法国航宇公司（今空中客车直升机公司前身之一）研制，绰号"松鼠"。于1974年首次飞行，以滑橇来承载机体——滑橇的构造比轮子简单，也不必像轮子一般必须收起、放下，比较省时省事。优点为高性能、耐用、可靠性高及成本低。

轻巧迅速的救难者

"啊，失火了！怎么办呢？楼上还有好多户人家没有逃出来。""糟啦！消防车的云梯高度不够。"就在这时候，直升机出现了，用机上的缆绳一一将被困民众救上去。

救难工作必须尽量争取时效，一分一秒都不能耽搁，而直升机不但可以在很小的空间升降，而且可以在很短的时间内迅速抵达，不必担心交通阻塞，机动性很高。所以，一旦发生海难、山难或水灾，往往都得靠直升机进行搜救。

隐秘灵活的空中杀手

　　由于直升机灵活、迅速又极具机动性，非常符合战场上的需要，因此，针对不同的用途，又设计出各种军用直升机，分别担负起侦察、联络、指挥、攻击及扫除水雷等任务。

　　进行空战时，直升机通常要尽量低飞，保持隐秘，不让敌机的雷达侦测到行踪，然后趁敌机不注意时展开突袭。万一不幸被敌机发现，可以发射机枪、火箭或导弹击退敌人，从而保全自己，同时可发射诱饵使敌机找不到真正目标，这样就有时间来采取应变措施了。

运输尖兵

　　直升机由于任务不同，机上的装置也不太一样。

　　运输用的直升机，有些有货舱，可以装载物品，以便运送补给品；有些具有机外运吊能力，可以载运车辆；有些则可以把突击部队送到战场执行突击任务；有些上面有医疗救护设备，可以及时深入敌阵拯救伤病人员。

有了浮囊就不怕水面迫降

"糟糕，直升机好像出了毛病！"驾驶员往下一看，哇，是一片广阔的湖面。

"只好紧急迫降了。幸好这架直升机有浮囊。"驾驶员在座舱内将开关按下，当直升机降落在水面时，水压使得浮囊阀门打开，浮囊就自动从机腹弹出来，并且马上自动充气，使直升机能够浮在湖面上。

49

一边飞行一边加油

　　汽车的油快用光时，可以到加油站加油。直升机在空中飞行时，万一油用光了怎么办呢？

　　通常，直升机在起飞前，必须计算油箱中的油足够飞多少航程。万一遇上特殊状况必须飞很远的距离，就必须靠舰艇或加油机在途中为它加油。

空中加油

　　直升机在空中加油时，仍然可以
继续飞行。加油机飞到指定的地方，
直升机将具有伸缩功能的探管插入加
油机输油管尾端的衔接筒内，燃料便
可经由输油管送到直升机油箱，只要
几分钟就可以加满。

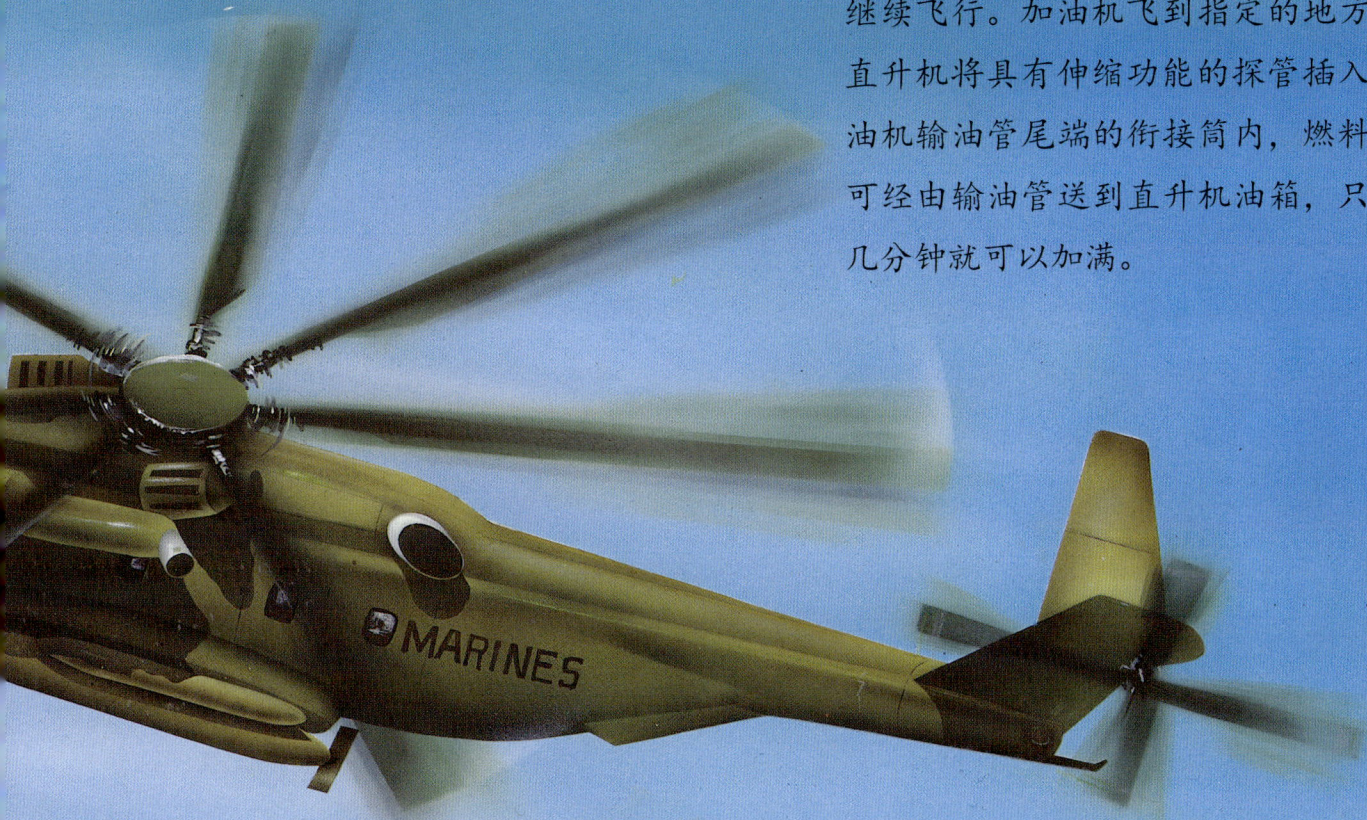

直升机功用多多

其实，直升机还有许多其他用途呢！

保护森林

原始森林不容易进入，车辆行驶也不方便，这时就要借助直升机来喷洒杀虫剂，执行保护森林的工作。

巡视牧场

上百亩的牧场，面积太大了，巡视一圈太费时，也可以由直升机来担任驱赶牛羊或监视的工作。

载人运物

能源探勘也可以用直升机来运送人员及装备，并随时待命，以便发生意外时可以马上展开抢救工作。此外，搭乘直升机游山玩水也是一件很过瘾的事。说不定，以后你会研制出功能更特殊的直升机呢！

坦克车的车轮外部包着钢铁履带，
并由齿轮互相接合，防止松脱

问 坦克车的履带有什么功能？

答 坦克车的轮子被两条钢铁履带环绕，在行驶时能分散负重，均匀承受地面阻力，以便在战场上跋山涉水，越过各种崎岖的地形与壕沟，避免车轮被卡在壕沟或障碍物中间。履带由环环相扣的柔性链环结构组成，通过齿轮与车轮互相咬合。当坦克车驱动时，车轮会带动链环，使坦克车能向前行驶。

问 坦克车的内部需要配置哪些人员？

答 战车乘员编制以 4 名坦克兵为主，分别担任车长、驾驶员、装填手及发射手。车长坐在炮塔后方，透过潜望镜及车顶圆孔盖观察周遭情况，负责下令射击、主导作战、利用无线电和外界通信等任务；驾驶座则位于主炮的正下方，可通过潜望镜及一块可关闭的保护玻璃观察外界，根据不同地形进行换挡，操控车子在崎岖的路面行进；装填手及发射手分别坐在炮塔两侧。也有些坦克车只配置 3 名坦克兵，车长兼任发射手的角色；或是增加 1 名通信兵，以 5 名乘员为一组。

坦克兵正进行保养、加油、装弹等出发前的准备工作

主旋翼提供让直升机向上的升力，而尾旋翼则控制机身，使其保持平衡，向左或向右前进

问 直升机的尾旋翼有什么作用？

答 直升机主要是借助于机顶上方的主旋翼不断旋转，从而产生推动机身上升的气流来飞行，原理类似于竹蜻蜓。然而，主旋翼在旋转的同时也会制造一股反作用力，使机身在原地转圈，这时就需要靠逆向旋转的尾旋翼来抵消这股力。尾旋翼位于直升机末端，体积比主旋翼小很多，除了保持机身的稳定平衡，也可借由转速的快慢，控制机身向左或向右飞行。

问 普通飞机和直升机的差别在哪里？

答 普通飞机和直升机最大的不同，在于普通飞机是借由机翼和气流的作用产生浮力，需要在宽阔平坦的跑道上助跑起飞；而直升机则是通过旋翼产生上升力，只需要一小块停机坪就可以垂直起降。普通飞机的速度快、持久力强，适合长途交通运输；而直升机的优点在于机动性高、节省空间，适合在城市担任短途救援、补给、消防等工作。

直升机只需要一小块停机坪就可以垂直起飞和降落

图书在版编目（CIP）数据

坦克车·直升机 / 牛顿出版公司编写. — 深圳：
海天出版社, 2017.6（2021.12重印）
（小牛顿魔法科普馆）
ISBN 978-7-5507-1896-8

Ⅰ.①坦… Ⅱ.①牛… Ⅲ.①坦克—少儿读物②直升
机—少儿读物 Ⅳ.①E923.1-49②V275-49

中国版本图书馆CIP数据核字（2017）第042992号

著作权合同登记号 图字：19-2017-041号
本书中文简体字版由台湾小牛顿科学教育有限公司授权海天出版社独家出版发行。

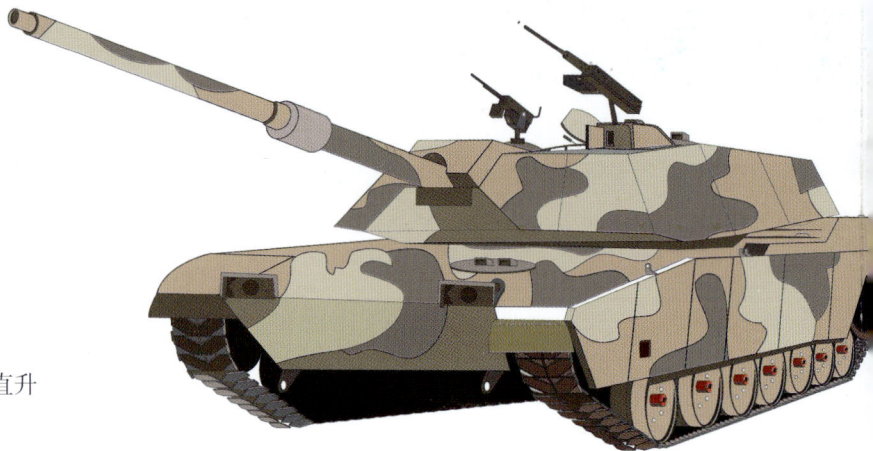

坦克车·直升机
TANKECHE·ZHISHENGJI

出 品 人	聂雄前
责任编辑	何廷俊　陈少扬
责任技编	陈洁霞
责任校对	赖静怡
封面设计	元明设计

出版发行	海天出版社
地　　址	深圳市彩田南路海天大厦（518033）
网　　址	www.htph.com.cn
订购电话	0755-83460239
设计制作	深圳市蒙丹广告有限公司 0755-82027867
印　　刷	河北浩润印刷有限公司
开　　本	787mm×1092mm　1/20
印　　张	2.8
字　　数	40千
版　　次	2017年6月第1版
印　　次	2021年12月第3次
定　　价	28.00元